本书由浦东新区科普项目资金资助

中国珍稀物种科普丛书

大熊猫的故事

张　萍　杨　帆　著
胡苗苗　禹家豪　绘
孙博韬　译

上海科学技术出版社

图书在版编目（CIP）数据

大熊猫的故事 : 汉英对照 / 张萍，杨帆著 ; 孙博韬译 ; 胡苗苗，禹家豪绘. -- 上海 : 上海科学技术出版社，2020.10
（中国珍稀物种科普丛书）
ISBN 978-7-5478-5128-9

Ⅰ. ①大… Ⅱ. ①张… ②杨… ③孙… ④胡… ⑤禹… Ⅲ. ①大熊猫－少儿读物－汉、英 Ⅳ. ①Q959.838-49

中国版本图书馆CIP数据核字(2020)第204258号

中国珍稀物种科普丛书
大熊猫的故事

张　萍　杨　帆　著
胡苗苗　禹家豪　绘
孙博韬　译

上海世纪出版（集团）有限公司
上　海　科　学　技　术　出　版　社　出版、发行
（上海钦州南路71号　邮政编码200235　www.sstp.cn）
浙江新华印刷技术有限公司印刷
开本 889×1194　1/16　印张 4
字数：70千字
2020年10月第1版　2020年10月第1次印刷
ISBN 978-7-5478-5128-9/N·213
定价：50.00元

扫码，观赏“中国珍稀物种”系列纪录片《大熊猫》

大熊猫是闻名世界的动物明星，世人眼中的“可爱萌兽”。它生活在中国西部地区的崇山峻岭中。在地球上生存了至少800万年。它们的野外生存历经坎坷，曾一度几近灭绝。如今，在人类的帮助下，大熊猫得以恢复生机。跟随“中国珍稀物种”系列纪录片《大熊猫》走近萌兽的秘密生活。

导读

七宝从小和妈妈生活在一起，在她很小的时候就发现了一个奇怪的现象，除了妈妈，她的身边总会出现很多“巨熊猫”。巨熊猫不爱说话，行踪不定，但总爱给她们搬家。一次搬家后，七宝回到了大自然，在这里她无意间发现了“巨熊猫”的秘密……

本书分为上下两个部分。第一部分采用儿童喜闻乐见的绘本故事形式，在尊重科学事实的基础上，将充满趣味的故事与精美的绘画相结合，提升整体艺术表现力，给读者文字以外的另一个想象空间。第二部分采用问答的形式，增进公众对该珍稀物种的科学认识，通俗易懂的语言，配上精美的照片，有利于儿童的阅读和理解。是一本兼具科学意趣和艺术质感的少儿科普读物。

目录

我和"巨熊猫" 6

大熊猫的秘密知多少 50

我的名片 50

"熊猫"还是"猫熊" 51

小熊猫是大熊猫的宝宝吗 51

大熊猫只分布在四川吗 53

大熊猫的祖先是谁 54

大熊猫的家园一直在缩小吗 54

大熊猫为什么是黑白色 55

大熊猫一直这么爱吃竹子吗 56
大熊猫是“素食主义者”吗 57
大熊猫有几根手指 58
大熊猫是“早产儿”吗 58
大熊猫爸爸去哪儿了 60
为什么大熊猫不冬眠 61
大熊猫的邻居都有谁 62
大熊猫很长寿吗 63
为什么要建立“熊猫走廊” 63

我和“巨熊猫”

我叫七宝，5个月大。从我出生开始，就和妈妈一起生活在这个地方。这里什么都有，妈妈说这里和野外一样。

妈妈是被人类从野外救助回来的，在这里生下了我。妈妈时常向我描绘大自然的美好，她说有一天我会回到她的故乡。妈妈还说野外大熊猫的数量太少了，人类正在竭尽全力帮助我们恢复种群。我很憧憬妈妈所说的大自然，也很好奇妈妈说的人类。

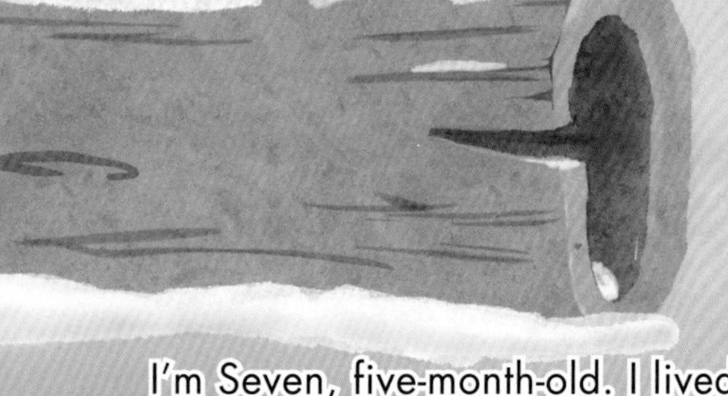

I'm Seven, five-month-old. I lived here with my mother since I was born. My mother was rescued from the wild by human. She gave birth to me here. Mother told me how nice the nature was and I would go back to her hometown someday. Human helped us to recover population in the wild. I looked forward to see the nature and human.

有一天发生了件怪事，我睡觉醒来发现妈妈不见了，等我爬出树洞，却看到了两只又高又壮的“巨熊猫”，我很害怕。

其实，七宝不知道的是，这里是大熊猫野化培训一期基地，“巨熊猫”是人类伪装的，为了避免人为干扰，保持大熊猫的野性。

One day, I found that mother was missing when I woke up. I crawled out of the tree hole and saw two tall and strong “huge pandas”, which scared me.
Seven didn’t know that this place was Giant Panda Rewilding Training Base I. “Huge pandas” were guised by human for keeping pandas’ wildness.

“巨熊猫”把七宝放到了一个秤上，用手掌温柔地抚摸着她，七宝才慢慢放松下来。七宝从他们身上闻到了熟悉的大熊猫的气味，但却发现他们竟然是用两条腿走路，手指也格外的灵活。在七宝看来这太奇怪了。七宝尝试和他们对话，可是这两只“巨熊猫”一直保持沉默。

“Huge pandas” put Seven on a scale and fondled her tenderly until Seven felt relaxed. Seven smelled familiar panda’s odour. However, Seven found it strange that they moved by two legs and had agile fingers. Seven tried to talk to them, but the two “huge pandas” kept silence.

妈妈觅食回来了，“巨熊猫”迅速地离开了。七宝钻到妈妈怀里，把刚才见到“巨熊猫”的事情告诉了妈妈，妈妈没有惊讶，只是微笑着告诉七宝，下次遇到陌生的动物记得保持警惕。妈妈还对七宝说，要帮她戒奶，教她吃竹子。

“妈妈，等我学会吃竹子，是不是就可以回到野外了？”

“宝贝，还差得远呢，你要学的本领可不止这一项。”

“Huge pandas” left quickly when mother came back. Seven told mother about them. But she was not surprised. She just warned Seven to keep vigilant about strange animals. Mother also said that Seven should learn to eat bamboo.

“Mother, can I go back to the wild if I learn to eat bamboo?”

“No, my baby. You need to learn more.”

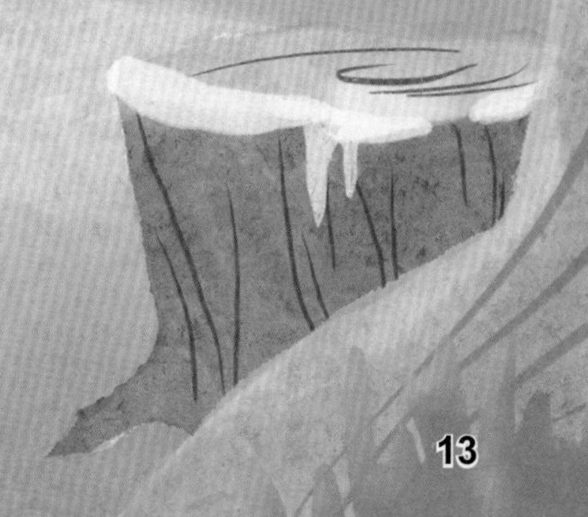

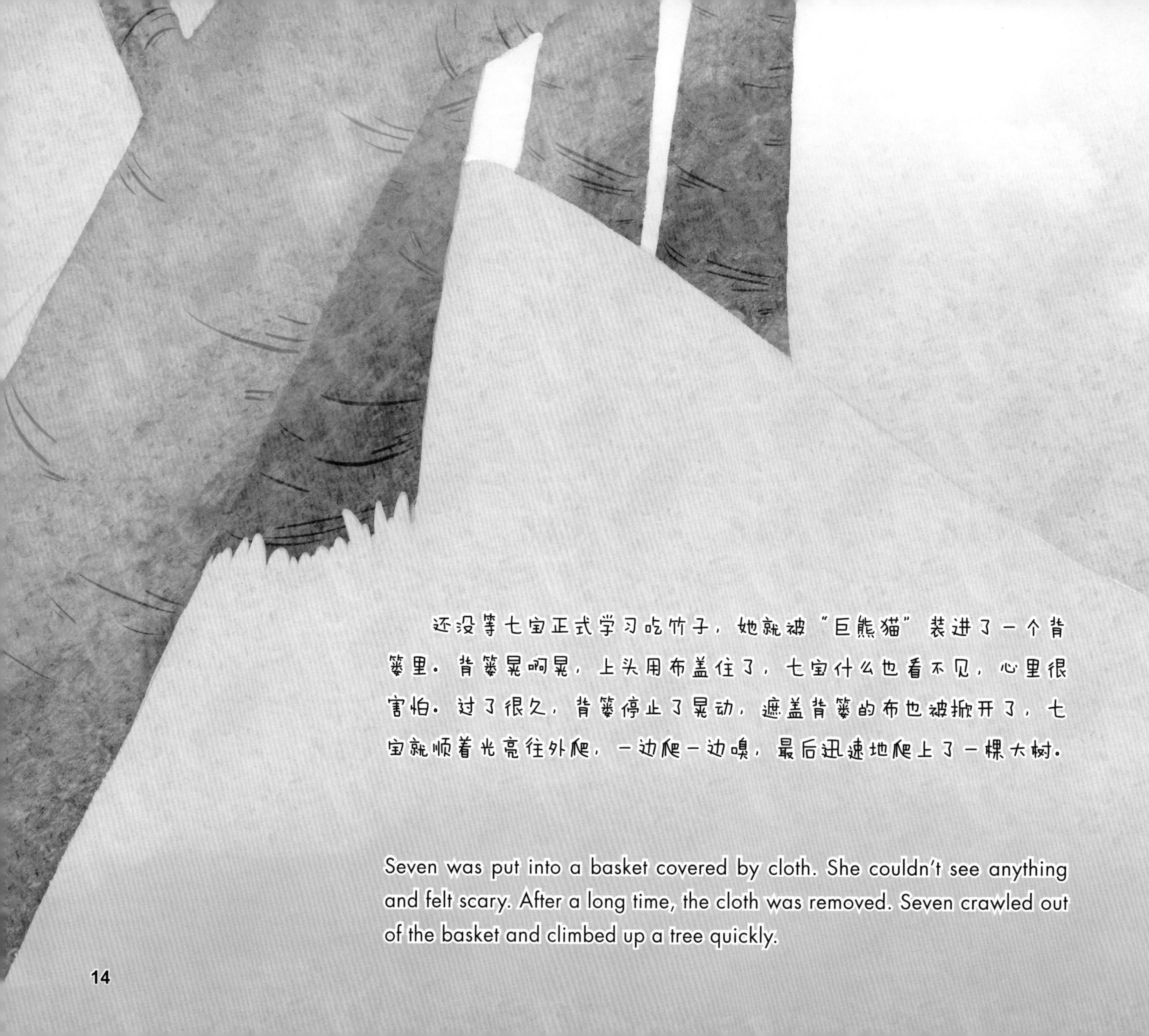

还没等七宝正式学习吃竹子，她就被“巨熊猫”装进了一个背篓里。背篓晃啊晃，上头用布盖住了，七宝什么也看不见，心里很害怕。过了很久，背篓停止了晃动，遮盖背篓的布也被掀开了，七宝就顺着光亮往外爬，一边爬一边嗅，最后迅速地爬上了一棵大树。

Seven was put into a basket covered by cloth. She couldn't see anything and felt scary. After a long time, the cloth was removed. Seven crawled out of the basket and climbed up a tree quickly.

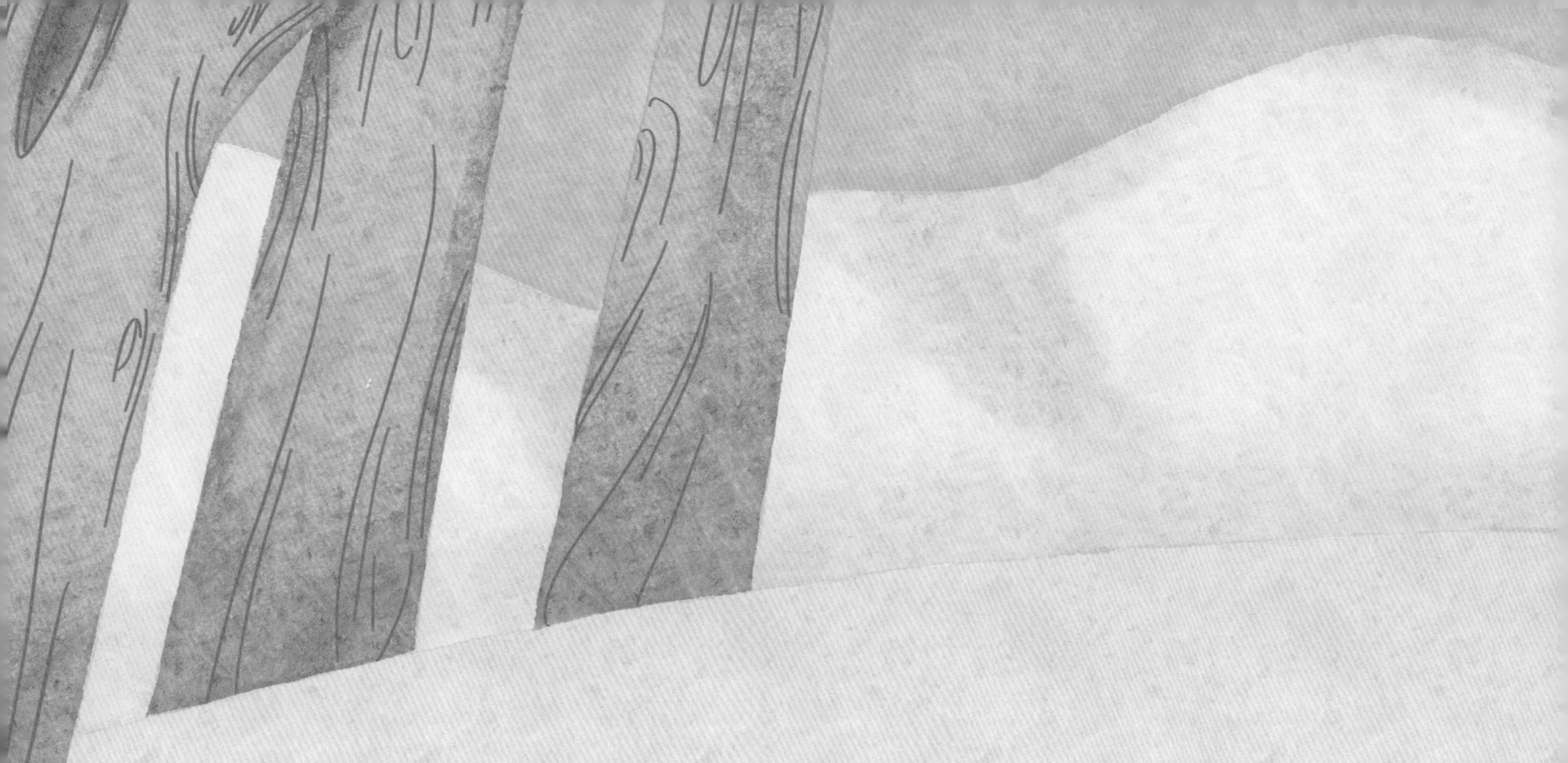

不一会儿，妈妈也来了，七宝爬下树跟在妈妈身后飞速躲进了丛林。这片山林更大了，妈妈带着七宝慢慢探索和适应。她一边在大树上做标记，一边教导七宝，这样可以警示别的动物，这是我们的家域，不可以随意闯进来。七宝点点头，努力跟着妈妈学习每一项新本领。

Mother arrived later. Seven climbed down the tree and hid in the forest with mother. Mother led Seven to discover the new environment. She marked on a tree to declare her territory. Seven followed mother to learn each new skill diligently.

没过多久，母女俩已经适应了新的山林，但是七宝却仍然没有完全戒奶。七宝饿了，又像往常一样拱到妈妈怀里，妈妈生气地推开了她。

“七宝，你已经长大了，只有学会了吃竹子，你才能真正独立起来！”

七宝委屈地哭了起来，她太饿了，只好咬断一根竹子塞进了嘴里。

“味道好极了！”

七宝破涕为笑。这是七宝的第一口竹子，从此以后她就慢慢喜欢上了竹子的味道。

The mother and daughter got used to the new forest. Seven still wanted to suckle. "You have grown up. You need to eat bamboo to be independent!" Mother rejected her. Seven cried plaintively, feeling very hungry. She had no choice but to bite a piece of bamboo. "Wow, tasty!" Seven smiled from tears. She was beginning to enjoy eating bamboo.

自由而快乐的日子一天天过去，七宝已经充分适应并喜欢上了这里的生活。母女俩很久没看到“巨熊猫”的踪迹了，他们出现的时候，是母女俩再次搬家的时候。这一次她们被带到了一个更加广阔的山林。

Happy time flies. Seven had adapted life in this forest. “Huge pandas” appeared again and brought mother and Seven to a larger forest.

没想到刚来到新家没几天，就出了一个小小的意外。爱爬树的七宝，喜欢挑战新高度。就在她奋力爬树的时候，一只鸟从眼前飞过，她伸手去抓，一下子身体失去重心，摔下了树，重重地摔在了地上。妈妈吓坏了，赶紧跑了过去。没想到七宝在地上躺了一会儿，就自己爬起来了。妈妈仔仔细细地检查了七宝，发现并没有受伤，幸好只是虚惊一场。

An accident happened a few days after moving. A bird flied over Seven when she was climbing a tree. Seven tried to catch it and lost her balance. She fell down from tree. Mother was very scared, but Seven got up by herself lately. Mother inspected Seven carefully. Luckily, she was not injured.

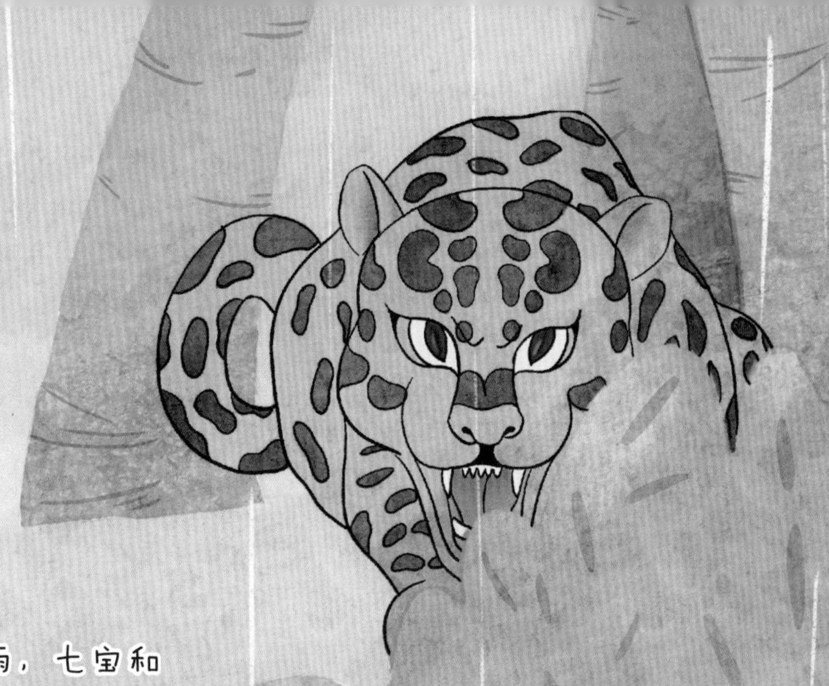

意外总是接二连三。春季的山林飘着小雨，七宝和妈妈走到一棵大树前准备躲雨，妈妈却猛地停下了脚步。“七宝，快跑！是豹！”七宝吓坏了，跟在妈妈身后拔腿就跑。

“豹、豺和狼是大熊猫的天敌，遇到它们就要赶紧逃命！”七宝从妈妈嘴里听到过无数次这句话。母女俩在树上待了好久，直到确认豹没有追过来。

Accidents kept happening. They intended to shelter from the spring rain. “Run! A leopard!” Mother suddenly stopped and shouted. Seven was frightened and ran following mother. She remembered that leopards, jackals and wolves were predators. Mother and Seven didn't leave the tree until they confirmed that it was safe.

几个“巨熊猫”从远处慢慢走了过来，他们摘掉头套，露出了汗湿的脸孔。豹依然静静地趴在地上，原来它只是一个涂抹了气味的模型。几个人抬起了这只豹，慢慢地走出了山林。其实，这是科学家在训练七宝躲避天敌的能力，使她回到野外能够安全生存。

Several “huge pandas” had come. Sweaty faces revealed after they took off the headgears. The “leopard” turned out to be a model smeared with scent. They took the “leopard” out of the forest. Actually, these scientists were training Seven for evading predators.

平静的日子里总有惊喜。一天下午，七宝和妈妈饱餐一顿后，到河边喝水。她走到河边，模模糊糊看到前面有只动物。七宝心里有些紧张，上次遭遇豹的场景还历历在目。她用鼻子嗅了嗅，发现这个气味和自己身上的有点类似。

One afternoon, mother and Seven went to river to drink water after a big meal. She saw a vague shape. She remembered the "leopard" and felt nervous. She sniffed and found that the smell was similar to her own.

七宝走近一看，发现那是一只跟自己一样的大熊猫。

“喂，你是谁？”

那只大熊猫哆嗦了一下，转身要跑，可是他喝了太多水，肚子鼓鼓胀胀的，一下子重心不稳跌倒在地上，这滑稽的模样把七宝逗笑了。这只大熊猫叫“球球”，也是“母兽带仔”野化培训计划的一员，最近刚转移到了三期野化培训基地。

Seven came closer to it and found it was a panda like herself.

“Hey, who are you?”

That panda shivered and turned to run. He fell down because he had drunk too much water. The scene amused Seven. This panda was Ball. He was also a member of wild training. He was transferred to Giant panda rewilding Training Base Ⅲ recently.

七宝和球球成了好朋友，他们经常在一起爬树、玩水、打滚，七宝渐渐地不再缠着妈妈，她已经熟悉了这片山林的每一个角落。妈妈有些欣慰，也有些伤感，她有种预感，分别的日子快要到了。而科学家们也认为七宝已经基本完成野化训练，准备在半个月后把她放归大自然。

Seven and Ball had become friends. They often played together. Seven spent less and less time with mother. Mother felt delighted and sentimental. She anticipated that farewell was near. Scientists also thought that Seven had completed the wild training. They would reintroduce Seven to the nature in half a month.

一个阳光灿烂的清晨，七宝被带到了野外。她从木箱里走出来，转身看了眼身后的“巨熊猫”，慢慢地朝山林走去。她不知道这是她最后一次见到“巨熊猫”。等她走远了，身后的“巨熊猫”慢慢摘下了头套，目送着她朝山林奔去。

Seven was brought to the nature on a sunny morning. She walked out of a wooden box. After a glance at “huge pandas”, she disappeared in the forest. “Huge pandas” took off the headgears and followed Seven with their eyes.

七宝在山林间游荡着，在每一个经过的地方留下标记，希望妈妈能找到她。她爬到一棵大树上等待着，可是妈妈始终都没有来。

“七宝，等有一天你回到大自然了，一定要学会保护自己，也要学会交朋友。”

“那妈妈你呢？你会和我一起吗？”

“七宝，独立是长大的第一步，不过妈妈会永远守护你！”

和妈妈的对话仿佛还在耳边回响，等了好久，她终于明白，妈妈说的那一天就是今天。今天，她真正离开妈妈，开始了独立的生活。

Seven wandered in the forest and marked her territory. She waited on a tree, wishing mother could find her. However, mother didn't come.

"Seven, protect yourself and make friends when you return to the nature."

"Will you be with me?"

"Independence leads to growing up. I'll protect you forever!"

She could still hear mother's voice. After a long time, she finally understood that she had left mother and independent living began.

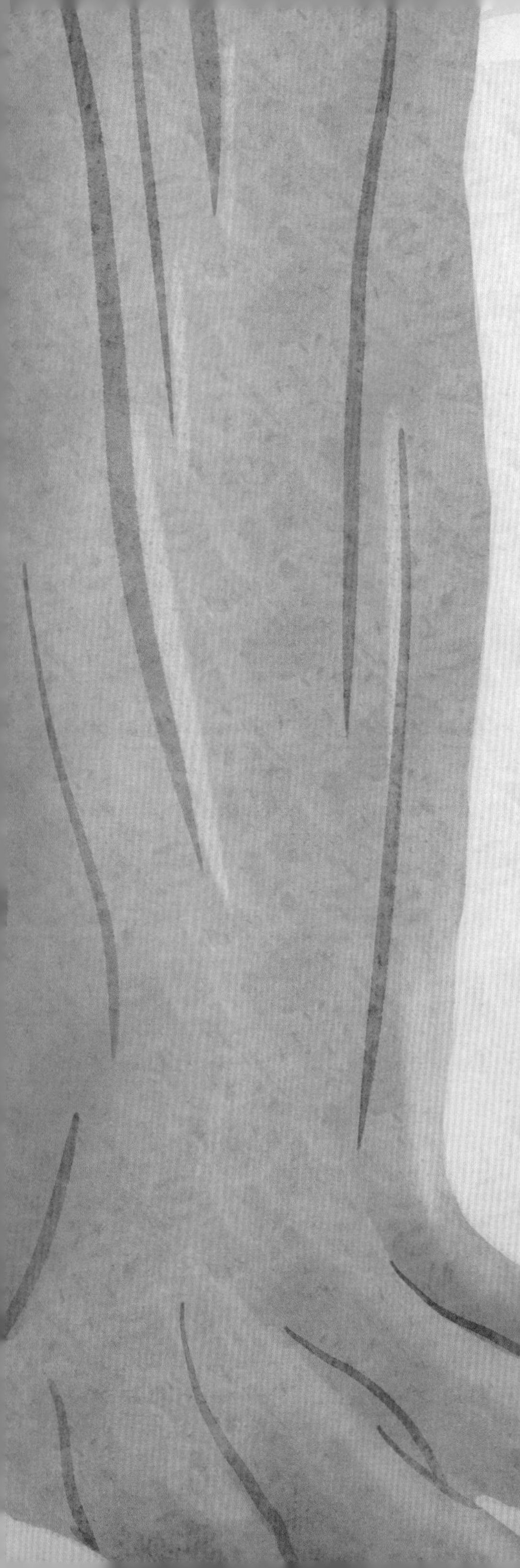

七宝在树上待了很久，很快她就饿了，她找到了一片竹林，饱餐了一顿。吃饱之后，又找到了一条小溪，在水源附近找到了一个树洞，作为自己临时的巢穴。和妈妈在一起学会的本领，保证了她的野外生存。

“这里就是大自然吗？好像和以前没什么区别！”七宝躺在树洞里静静地想着。

Seven got hungry. She found a bamboo forest and had a meal. Then, she found a stream and a nearby tree hole. The skills she learned from mother ensured her survival in the wild.

"So, this is nature? Not too different from before!" Seven lay in the tree hole.

日复一日，七宝的独立生活平淡而简单。有一天，像往常一样，七宝吃饱喝足，在附近找了棵大树呼呼大睡起来。一只野猪来到了七宝吃剩的竹渣旁，把竹渣拱出了一个窝的形状，竟然躺在里面也呼呼大睡起来。七宝被吵醒了，从树上看到这一情景，感到特别新奇，“原来我吃剩的竹渣还有这个作用啊！真有趣！”

Independent life was ordinary and simple. One day, Seven was sleeping on a tree after a meal. A boar made a nest by nuzzling bamboo residue and started to sleep as well. Seven was woken up by the noise. "Bamboo residue left by me is useful!" Seven felt amazing.

冬去春来，除了偶尔想妈妈，七宝已经渐渐适应了新生活，学会了采食，和陌生动物打交道，她对大自然产生了越来越大的好奇心。一天，她顺着河谷走着，来到了一片开满杜鹃花的山坡。她从没见过这么多花，她在花丛中开心地穿行着。突然，她闻到了一阵异常香甜的气味。

Spring came. Seven had got used to the new life. She was curious about everything in the nature. One day, she found a hillside filled with azaleas. She had never seen such a large number of flowers. Suddenly, she smelled an unusual sweetness.

0162

七宝循着香味走去，看到远处一只熊正在拱着一排箱子里的东西吃。七宝觉得这只熊和自己长得有点像，她想起妈妈说过的话，“野外不仅有天敌，也有很多友好的动物”。七宝悄悄地靠近，引起了黑熊的注意。

Seven followed the smell and saw a bear eating something inside a row of boxes. She thought the bear was a bit similar to herself. Mother had said that there were friendly animals as well as predators. Seven stalked and drew the bear's attention.

“快吃！待会儿被人发现了就没得吃了。”

“人？你认识人吗？”

“当然，这些蜂箱就是人类的。我经常偷吃……”黑熊憨笑着，有些不好意思地说。

“人是什么样子的？”

“用两条后肢直立行走，手指特别灵活……”

七宝脑海中灵光乍现，她在那一瞬间好像明白了一件事情。那不是“巨熊猫”吗？那些“巨熊猫”其实是人类吗？原来这么多年，是他们一直在默默保护着我和妈妈。

“Be quick! If human find out, there's no more to eat.”

“Human? Do you know anyone?”

“Yes. These beehives belong to human. I often steal honey...” The bear giggled with shame.

“What do people look like?”

“Walk upright on two legs and have agile fingers...”

Suddenly, Seven understood that “huge pandas” are humans! It was human who protected them for many years.

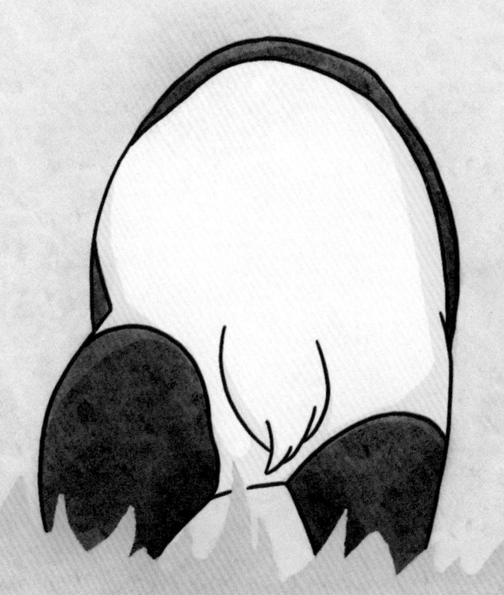

自由而快乐的野外生活继续着，又一个冬天到来了，七宝向低海拔地区的冬居地迁移。没想到她和球球在这里意外重逢了。两个小伙伴特别开心，互相聊了各自的经历。以往的一幕幕在眼前浮现，七宝明白，越来越多的大熊猫像她一样在人类的保护和帮助下回到了大自然。

Another winter had come. Seven moved to lower altitudes. She met Ball. Unexpected reunion made the two friends very happy. Seven understood that more and more pandas had been reintroduced into the nature with the help and protection from human.

大熊猫的秘密知多少

我的名片

大熊猫（学名：*Ailuropoda melanoleuca*）隶属于食肉目熊科大熊猫属。为我国特有物种、世界生物多样性保护旗舰物种，被列为国家一级保护动物、《世界自然保护联盟濒危物种红色名录》（IUCN）“易危”（VU）物种，素有“国宝”之称。目前，仅分布于我国四川、陕西、甘肃三省，生存于秦岭、岷山、邛崃山、大相岭、小相岭、凉山6个山系之中。

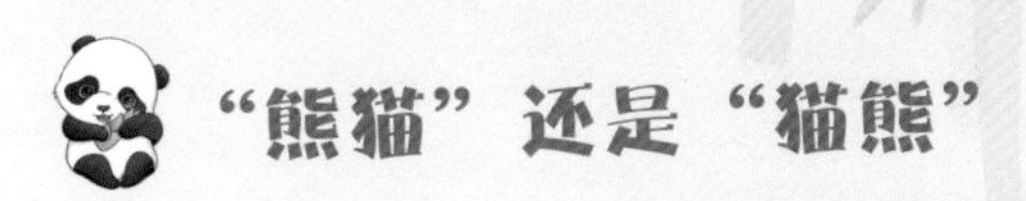

“熊猫”还是“猫熊”

“大熊猫”是一个中文通用名，由英文“Giant Panda”翻译而来，我们在日常口语中通常叫它“熊猫”。然而，据说大熊猫最初是被称为“猫熊”，之所以后来被叫做“熊猫”，是源于一个无意的误解。由于20世纪50年代前，中文书写和认读习惯是从右到左，当大熊猫1939年首次在四川北碚博物馆展出的时候，被误读成了“熊猫”，从此以讹传讹，“熊猫”的称号就被沿用下来了。但是，也有人提出不同的说法，认为1915年编辑的《中华大字典》中已经有“熊猫”的字样，“熊猫”和“猫熊”的名称在当时是同时存在的，所以不存在误传这一说法。其实，在大熊猫的家乡，它还有很多名称，比如花熊、黑白熊、竹熊，甚至在更早的古代，中国人称它为“貘”。

小熊猫是大熊猫的宝宝吗

大熊猫和小熊猫仅仅只有一字之差，可小熊猫并不是指大熊猫的宝宝，而是另外一种动物。小熊猫（学名：*Ailurus fulgens*）隶属于食肉目小熊猫科小熊猫属。在生物学分类上，大熊猫属于熊科，小熊猫属于小熊猫科，是两个不同的物种。

小熊猫的体型只有大熊猫的十分之一，看起来像一只胖乎乎的猫，身上的毛发呈棕红色。虽然它们在外形上完全不同，但是由于生活在相同的自然环境中，受到趋同进化的影响，大熊猫和小熊猫在某些习性上具有相似性，比如都爱吃竹子。但是，它们采食竹子的部位并不相同：小熊猫一般采食竹枝下部枝上的叶子，而且是一片一片地采食，通常会留下叶柄；大熊猫不仅吃竹叶，还会采食竹竿，通常会趋向采食竹竿中段部分。竹子在大熊猫的年食谱中占比99%，而在小熊猫的年食谱中占比90%。小熊猫在秋季还会采食一些植物的浆果。大熊猫和小熊猫虽然同在我国的岷山、邛崃山、大相岭、小相岭等山系分布，但是大熊猫是我国的特有物种，仅分布在我国；而小熊猫除了在我国的西藏、云南、四川分布外，国外还分布于缅甸、尼泊尔、不丹、印度等国。这种在食物选择和活动空间上的差异性，让它们能够和平共处，成为伴生物种。

小熊猫

大熊猫幼崽

大熊猫只分布在四川吗

现生大熊猫分为两个亚种，四川亚种和秦岭亚种。相比较而言，四川卧龙的大熊猫更为人熟知，这可能是由于秦岭的大熊猫发现要晚于四川的大熊猫。

四川的大熊猫于1869年被一位法国传教士发现，这也是大熊猫在地球上生存数百万年、被中国人知道数千年后首次被科学界正式发现。随后，全世界掀起了一阵“大熊猫”热潮，四川的大熊猫因而闻名世界。到了1958年，北京师范大学生物系老师郑光美在秦岭考察期间从村民家里发现了一张大熊猫的皮毛。随后不断有证据显示，秦岭也生活着大熊猫。直到1974年，陕西省专门对秦岭的珍稀动物进行了调查，推算出秦岭地区生活着大约200只大熊猫。这是一个新的大熊猫亚种。

秦岭的大熊猫和四川的大熊猫，由于栖息环境差异及栖息地隔离，形成了很多生态习性上的差异。相比四川的大熊猫，秦岭的大熊猫头更圆，看起来更加漂亮，因而被称为“国宝中的美人”。四川的大熊猫喜欢找树洞产崽育幼，而秦岭的大熊猫偏向于找石洞。四川的大熊猫大多在每年4月中上旬怀孕，而秦岭的大熊猫怀孕时间早一些，大多集中在每年3月中下旬。

大熊猫的祖先是谁

大熊猫从古食肉类进化而来，与现生的黑熊、马来熊、北极熊等拥有共同的祖先——始熊类。始熊猫是现代大熊猫的祖先，它们生活在距今至少800万年前的中新世晚期，靠近沼泽地带生活，是一种小型的杂食兽。180万年前，更新世初期，始熊猫进化成了小种大熊猫。据研究，小种大熊猫可能生活在热带、亚热带山区，附近遍布草地、沼泽、溪流，它们的牙齿和骨骼已经和现生种很类似。60万～70万年前，更新世中期，小种大熊猫进化成巴氏大熊猫，生活在亚热带针叶林与温带阔叶林的混生地带，并且达到了全盛时期。这一时期的巴氏大熊猫，常伴生有巨貘、中国犀、剑齿象等动物，共同组成典型的“大熊猫-剑齿象”动物群。18 000年前，第四纪最后一次冰期到来，气候变冷、地壳抬升、人类活动扩大，巴氏大熊猫种群数量急剧减少，领地越来越小，最后不得不隐居到气候稳定、人烟稀少的四川盆地向青藏高原过渡的高山峡谷地带。

大熊猫的家园一直在缩小吗

从大熊猫的进化来看，大熊猫在我国的分布范围并不是一直在缩小，而是经历过扩大再到缩小的过程。

更新世初期，大熊猫分布于我国华南及华中部分地区。目前发现的化石点有：广西柳城巨猿洞、重庆巫山龙骨坡、广西柳州笔架山、湖南保靖同泡山、湖北建始龙骨坡、湖北郧县龙骨洞、贵州毕节扒耳洞和陕西洋县倪家沟。

更新世中期，大熊猫的分布达到全盛，广泛分布于我国长江流域、珠江流域以及华北部分地区，北至北京周口，南至云南，东至东南沿海地区，最南端甚至延伸至越南、老挝等国外部分地区。

更新世晚期，大熊猫的分布范围开始缩小，退缩至云南、贵州、广西，少数分布在湖南、湖北、重庆、浙江等地。到了全新世，大熊猫的分布范围进一步缩小，且出现破碎化的趋势。

距今 2 000 年前，大熊猫曾零星地分布在我国河南、湖北、湖南、贵州、云南 5 个省，然而由于人类活动的影响，大熊猫的栖息地进一步缩小，现生大熊猫仅分布在四川、陕西、甘肃 3 个省。

 大熊猫为什么是黑白色

成年大熊猫眼睛四周、肩膀到前肢、后肢及耳朵部分是黑色的，而其他部位都是白色的。大熊猫的祖先并不是这样的，黑白色的形成和它在演化过程中生存环境的改变密切相关。18 000 年前，第四纪最后一次冰期到来，巴氏大熊猫为了应对生存危机，退居到海拔

2 500 ~ 3 000 米的高山密林中。它们为了在冰天雪地中易于隐藏自己，毛发中白色的部分慢慢变多。眼睛四周及四肢、耳朵的黑色，是为了减少雪地眩光对眼睛的影响，而且黑色的吸热作用也有助于它们在寒冷环境中保持体温。此外，还有一种说法，认为黑白斑块的动物可以打破轮廓线，当它们隐藏在环境中的时候，从远处看上去就是一些杂乱的线条，可以扰乱捕猎者的视线。

事实上，除了常见的黑白色大熊猫外，科学家在野外还曾发现过白色大熊猫、棕色大熊猫。它们都是较为罕见的大熊猫变种个体，但产生的原因目前仍不明确。

 大熊猫一直这么爱吃竹子吗

从始熊猫到现生种，大熊猫经历了从杂食到以竹为生的过程。事实上，大熊猫原本并不喜欢吃竹子，但是由于生存环境的改变，让它不得不改变了自己的食性。据研究表明，大熊

猫是在距今5 000～7 000年前才开始吃竹子的。这一时期，正是巴氏大熊猫“退居山林”后的时期。生存条件变得恶劣，周围的食物变少，捕猎动物又要耗费大量的能量，为了顺利存活下来，选择了分布广泛且容易获得的竹子作为自己的食物。之所以选择竹子，而不选择其他草本植物，一方面是因为竹子分布范围广，另一方面是因为竹子中含有浓度相对较高的淀粉。事实上，在竹子不同的生长季节，大熊猫都会选择淀粉含量较高的部分来食用。

大熊猫是“素食主义者”吗

大熊猫其实是杂食性动物。科学家通过对大熊猫的粪便分析发现，大熊猫除了以竹为生之外，偶尔还会食用一些植物性和动物性食物。根据观察和记录，在食物匮乏，比如大雪封山或者栖息地部分竹子开花的特殊情况下，大熊猫会捡拾一些冻死的野生动物尸体，采食节节草、冷杉树皮等，或者下到河谷的居民村舍中捡拾一些村民丢弃的猪骨、羊蹄等食用。这说明，大熊猫并不是不能吃肉，毕竟在大熊猫高度特化的过程中，仍然保留着一部分食肉动物的特征，如两对裂齿和较短的消化道。

大熊猫有几根手指

大多数熊科动物，比如黑熊、北极熊、眼镜熊等，它们的手掌通常只有5根手指，而大熊猫的两个前肢的手掌除了有5根长有指甲的手指外，还有第六根手指。这根手指长在大熊猫食指的旁边，类似于人类的大拇指，但它里面并没有关节，也没有指甲，且与其他5根手指相比要短很多，这根手指活动时是靠强劲的肌肉牵引来完成，因而被叫做“伪拇指”。它有个正式的名称叫做“桡侧籽骨”，是由一节腕骨特化而成的。这是大熊猫为了适应吃竹子演化出的特征。这根手指可以帮助大熊猫更精细、更灵活地抓握竹子，拥有其他熊类不具备的对握功能。想象一下，竹子又圆又滑，想要牢牢地抓住它并不容易，而大熊猫会用它的“第六指”配合其他5根手指并拢，紧紧地将竹子握在手中，这样吃起来又快又方便，提升了进食的效率。

大熊猫是“早产儿”吗

刚出生的大熊猫宝宝，没有毛发，全身呈粉红色，只有一只老鼠的大小，也不能爬动，发育很不成熟，有点类似我们人类的“早产儿”。大熊猫宝宝刚出生时平均体重只有100克，是它妈妈体重的近千分之一；而黑熊的宝宝出生时体重就有妈妈体重的两百分之一至三百分之一。如果用我们人类来做类比，就相当于新生的人类宝宝只有妈妈的拳头那么大。这样对比，刚出生的大熊猫宝宝实在太小了。

大熊猫是比较少见的大体型动物生小幼崽的物种之一。产生这种现象，是因为大熊猫受精卵的延迟着床。大熊猫怀孕后，受精卵会不断地分裂，直到卵泡阶段。接下来就会进入一个非常重要的阶段，叫做着床期。着床是指卵泡与妈妈的子宫壁结合，从而与妈妈的身体建立联系，宝宝从妈妈的身体里摄取营养继续发育和成长。然而，大熊猫的卵泡形成后，并不会立刻着床，而是会在妈妈的子宫里自由漂浮一段时间，这个时间为 1.5 ~ 3 个月，之后才会着床并进一步发育。大熊猫的孕期平均为 4.5 个月。由于延迟着床，大熊猫宝宝在妈妈的子宫里实际发育时间大大缩短，这就出现了出生时发育不完全的特征。

大熊猫爸爸去哪儿了

在野生环境中出生的大熊猫“只知其母，不知其父”，从出生开始就由母亲独自带着长大。长到一岁半至两岁的亚成体大熊猫会离开妈妈，开始独立生活，建立自己的家域，组建自己的家庭。所以说，大熊猫确实是“单亲家庭”长大的。听起来有点悲惨，但实际上在自然界中尤其是哺乳动物中，这种“母兽带仔”的家庭模式非常常见。有时候是由妈妈独自带大孩子，比如大熊猫；有时候是妈妈与族群中的其他“阿姨”们一起带大孩子，比如亚洲象。

那么，大熊猫的爸爸去哪儿了呢？大熊猫是一种非群居动物，喜欢独来独往。每年3～4月是大熊猫恋爱的季节，这个时候单身的大熊猫们就会选择自己心仪的对象一起孕育新生命。在大熊猫妈妈怀孕后，爸爸就会离开，重新回到单身状态。其实，这是自然界中大多数动物为了繁衍生息、延续后代而演化的一种生存策略。比起雄性，雌性动物在怀孕、分娩阶段花费了更多的精力，它们更会照顾孩子，能够保证孩子的存活率。

大熊猫妈妈在经历4个多月的孕期之后，会生下“早产儿”宝宝。这时候的大熊猫宝宝非常虚弱，为此妈妈要时刻守候在宝宝身边，尽心尽责地照顾，一直到大熊猫宝宝长大离开，大熊猫妈妈才会重新寻找新的伴侣孕育新的生命。

为什么大熊猫不冬眠

很多熊科动物都有冬眠的习性，比如处于北方严寒地带的北极熊。在进入冬季之前，它们会通过增加进食量把自己喂胖，在身体中存储足够多的脂肪和能量，之后就会进入4～5个月的冬眠期。睡眠能够减少能量消耗，维持较低的代谢率，而之前储存的脂肪就会在冬眠期间慢慢消耗，帮助它们度过严寒且食物匮乏的冬季。

作为熊科动物，大熊猫却没有冬眠的习性。首先，因为大熊猫分布在温带和亚热带地区，冬季的气温没有那么低。其次，大熊猫主要栖息在高海拔地区的密林中，具有季节性迁移的习性。它们以竹为食，竹子在不同季节、不同海拔高度都有生长。当冬季来临时，大熊猫会迁移到低海拔地区的“冬居地”，那里有足够多的竹子，不用担心食物短缺的问题。

大熊猫有自己的一套采食策略，在不同的季节，它们会根据竹子营养成分选择竹子不同的部位来食用。春季多发竹笋，这是大熊猫最爱吃的；夏季以竹叶为主；秋季和冬季以竹竿为主。

大熊猫的邻居都有谁

大熊猫生活在隐蔽的山林之中，喜欢独来独往，除了妈妈带着孩子，很少和其他同类一起活动。大熊猫每天的活动也比较单调，一大半的时间用来吃竹子，其次是休息、睡觉，剩余的时间就是行走、玩耍。所以，有人说大熊猫天性孤僻，被大家称作“竹林隐士”。但是大熊猫非常擅长自娱自乐，比如爬树、滑雪等，在憨憨的外表下也有一颗贪玩的心。

在大熊猫的生存环境中还有一群小伙伴，比如小熊猫、川金丝猴、中华竹鼠、羚牛、野猪、红嘴蓝鹊、红腹锦鸡等都是大熊猫的伴生物种。它们共享同一片山林，各自拥有自己的活动空间，在食物的选择上各有侧重，昼夜及季节性活动节律也参差协调，因而能够和谐共处、长期共存。除了“好朋友”，野生大熊猫还存在一些天敌，比如豹、豺、狼、黄喉貂和金猫等，但是它们通常只对大熊猫宝宝或者生病和年老的大熊猫构成威胁。

红腹锦鸡

川金丝猴

大熊猫很长寿吗

野生大熊猫的寿命为15～20年。大熊猫宝宝从出生起就和妈妈一起生活，等长到一岁半至两岁，即进入亚成体阶段（相当于我们人类的少年期），就会离开妈妈开始独立生活，寻找和建立自己的家域。一般雄性大熊猫会比雌性大熊猫独立得早一些，它们也会选择到更远的地方去建立自己的家域。

三岁之后，大熊猫就进入了青年期，它们的体型和力量已经接近成年大熊猫，具备了保护自己和抵御外敌的能力，真正可以独当一面。

大熊猫一生的黄金期将在六七岁的时候来临，这个时候它们已经是真正的成年大熊猫了，开始步入一个重要阶段——组建家庭、生儿育女。大熊猫的生育期会持续6～10年，一般在每年3～4月怀孕，8～9月产仔，次年的3～4月大熊猫妈妈还处于带仔的状态中，不会再参与求偶，因此大熊猫妈妈两年才能养育一胎，生育率比较低。

为什么要建立“熊猫走廊”

“熊猫走廊”又叫“大熊猫走廊带”，是指在各个大熊猫保护区之间建立起来的“通道”，这是大熊猫就地保护的一种方式。

由于人类活动的影响，大熊猫曾经一度陷入濒危的境地。为了保护大熊猫，保护大熊猫栖息地的生物多样性，国家在大熊猫的主要栖息地和个体数量较为集中的地区建立起保护区，通过退耕还林等多种方式，归还大熊猫的生存空间，恢复和保护栖息地的生态环境。这是大熊猫保护的第一步。据2014年全国第四次大熊猫调查数据显示，我国共有67个大熊猫自然保护区，总面积达336万公顷。

可是大熊猫面临的困境不只是栖息地的破坏，还有一个严重的问题是栖息地的破碎化。人类的道路、桥梁、房屋等各种工程建设，以及高山、河流等各种天然屏障，将大熊猫的栖息地分割为一个个独立存在的“孤岛”，切断了大熊猫的种群交流。这意味着，在发生自然灾害或者疾病来袭的时候，被困在“孤岛”中的大熊猫没有了逃生的通道。同时也因为缺乏种群间的基因交流，影响大熊猫的基因多样性，降低了大熊猫对环境的适应能力。曾经在人类的保护下，大熊猫数量有所上升，可是却被分割成30多个局域种群，甚至其中有18个小种群个体数量不足10只，具有高度灭绝的风险，大熊猫的生存面临巨大威胁。为了保证大熊猫各个种群间的相互迁移，为基因交流创造条件，政府相关部门在大熊猫生存的六大山系之间建立起20多条生态走廊带，在走廊带上进行植被恢复，研究破碎栖息地的面积和间隔距离等多种因素对大熊猫造成的影响，真正发挥走廊带的作用，消除大熊猫的生存威胁。